SITZUNGSBERICHTE DER DEUTSCHEN AKADEMIE
DER WISSENSCHAFTEN ZU BERLIN

Klasse für Mathematik, Physik und Technik
Jahrgang 1956 Nr. 2

HANS ERTEL

EINE BEZIEHUNG ZWISCHEN PHASENGESCHWINDIGKEIT, PARTIKELGESCHWINDIGKEIT UND ENERGIE BEI FORTSCHREITENDEN PERMANENTEN WELLEN

1956

AKADEMIE-VERLAG · BERLIN

Vorgelegt in der Gesamtsitzung vom 12. April 1956
Zum Druck genehmigt am gleichen Tage, ausgegeben am 30. August 1956

Erschienen im Akademie-Verlag GmbH., Berlin W 8, Mohrenstraße 39
Lizenz-Nr. 202 · 100/13/56
Satz und Druck: Druckhaus „Maxim Gorki", Altenburg
Bestell- und Verlagsnummer: 2010/56/I/2
Preis: DM 1,—
Printed in Germany

Inhaltsübersicht

I. Ableitung einer Beziehung zwischen Phasengeschwindigkeit, Partikelgeschwindigkeit und Energie bei fortschreitenden permanenten Wellen

Die folgenden Betrachtungen beziehen sich auf permanente (formbeständige) fortschreitende Wellen an der freien Oberfläche inkompressibler, idealer Flüssigkeiten. Die EULERschen hydrodynamischen Bewegungsgleichungen

$$\frac{\partial \vec{v}}{\partial t} - \vec{v} \times rot\, \vec{v} = -grad\, E \tag{1}$$

mit der Partikelgeschwindigkeit $\vec{v}$ und der Gesamtenergie

$$E = \frac{v^2}{2} + \Phi + \frac{p}{\varrho} \tag{2}$$

pro Masseneinheit ($v = |\vec{v}|$, Φ = Schwerepotential, p = Druck, ϱ = Dichte) reduzieren sich wegen der bei Wellenbewegungen vorauszusetzenden Existenz eines Geschwindigkeitspotentials φ, also

$$\vec{v} = grad\, \varphi, \qquad rot\, \vec{v} \equiv 0 \tag{3}$$

auf

$$\frac{\partial \vec{v}}{\partial t} = -grad\, E. \tag{4}$$

Bedeutet $\vec{c}$ die konstante Phasengeschwindigkeit permanenter Wellen und ψ eine permanente hydrodynamische Feldgröße (Skalar oder Vektor), so findet der Permanenzcharakter von ψ seinen Ausdruck in der Gleichung

(5) $$\left(\frac{\partial}{\partial t} + \vec{c}\ grad\right)\psi = 0.$$

Es gilt also bei Permanenz des mit der Welle gekoppelten Strömungsfeldes:

(6) $$\left(\frac{\partial}{\partial t} + \vec{c}\ grad\right)\vec{v} = 0,$$

d. h. z. B. für die x-Komponente (x, y, z = orthogonale Kartesische Koordinaten):

$$\frac{\partial v_x}{\partial t} + (\vec{c}\ grad)\, v_x = \frac{\partial v_x}{\partial t} + (\vec{c}\ grad)\frac{\partial \varphi}{\partial x} = 0,$$

oder

$$\frac{\partial v_x}{\partial t} + \frac{\partial}{\partial x}(\vec{c}\ grad\ \varphi) = \frac{\partial v_x}{\partial t} + \frac{\partial}{\partial x}(\vec{c}\,\vec{v}) = 0,$$

also

(7) $$\frac{\partial \vec{v}}{\partial t} + grad\,(\vec{c}\,\vec{v}) = 0.$$

Dann folgt aus (4) und (7):

(8) $$grad\,(\vec{c}\,\vec{v} - E) = 0,$$

d. h.

(9) $$\vec{c}\,\vec{v} = E + f(t).$$

Wir orientieren das x, y, z-System derart, daß z Vertikalkoordinate wird und normieren das Schwerepotential Φ durch $\Phi = 0$ für die ungestörte freie Oberfläche $z = H = \text{const}$, an der zugleich auch $p = 0$ wird. Da die ungestörte freie Oberfläche („Stillwasserspiegel") dem Ruhezustand $\vec{v} = 0$ entspricht, ist also in (9) $f(t) = 0$ und somit im Wellenfeld

(10) $$\boxed{\vec{c}\,\vec{v} = E}$$

wobei E durch (2) gegeben ist. Die Gleichung (10) ist die analytische Form des folgenden Satzes:

In jedem Punkt (x, y, z) eines permanenten Wellenfeldes einer inkompressiblen idealen Flüssigkeit ist zu jeder Zeit (t) das skalare Produkt von Phasengeschwindigkeit ($\vec{c} = const$) der Welle und Geschwindigkeit $\vec{v} = \vec{v}\,(x, y, z, t)$ der sich am Ort (x, y, z) zur Zeit t befindenden Flüssigkeitspartikel gleich der durch den Gleichgewichtszustand der freien Oberfläche normierten Gesamtenergie pro Masseneinheit $E = E\,(x, y, z, t)$ dieser Partikel.

Es sei hier bemerkt, daß in der wellenmechanischen Darstellung der Partikeldynamik ein analoger Satz gilt, wonach das Produkt aus dem Impuls einer Korpuskel und der Phasengeschwindigkeit der der Korpuskel zugeordneten Materiewelle gleich der Energie der Korpuskel ist [vgl. z. B. L. DE BROGLIE, M. BORN, Lit. (1,2)]. Multipliziert man (10) mit ϱ, so ist $\varrho\vec{v}$ die Impulsdichte und ϱE die Energiedichte des hydrodynamischen Wellenfeldes.

Daß in (9) $f(t) = 0$ gesetzt werden kann, läßt sich auch folgendermaßen beweisen: Partielle Differentiation nach t ergibt:

$$\vec{c}\,\frac{\partial \vec{v}}{\partial t} = \frac{\partial E}{\partial t} + f'(t), \tag{11}$$

und der Permanenzcharakter von E drückt sich durch

$$\frac{\partial E}{\partial t} + (\vec{c}\;\mathrm{grad})\,E = 0 \tag{12}$$

aus, so daß durch Kombination der vorstehenden Gleichungen

$$\vec{c}\left(\frac{\partial \vec{v}}{\partial t} + \mathrm{grad}\,E\right) = f'(t) \tag{13}$$

resultiert, worin die linke Seite wegen (4) verschwindet. Es muß somit $f'(t) = 0$, d. h. $f(t) = const$ sein, und die dann bis auf eine additive Konstante bestimmte Gesamtenergie in (9) kann stets so normiert werden, daß der freien Oberfläche im Gleichgewichtszustand die Energie Null zukommt.

Im folgenden soll die Beziehung (10) zur Berechnung der Phasengeschwindigkeit $c = |\vec{c}|$ permanenter progressiver Wellen angewandt werden, zu welchem Zweck wir die Relation (10) am geeignetsten auf Partikel an der gestörten Oberfläche

$$z = H + \zeta\,(x - ct) \tag{14}$$

beziehen. Die Variablenkombination $x - ct$ in der Oberflächendeformation ζ gewährleistet die Permanenz der sich in der $+ x$-Richtung fortschreitenden Deformation. Für die gestörte Oberfläche reduziert sich die Energie E auf

$$E = g\zeta + \frac{v^2}{2}, \tag{15}$$

da bei der oben verwendeten Normierung des Schwerepotentials $\Phi = g\,\zeta$ (g = Schwerebeschleunigung) ist und wir den Druck an der Oberfläche $p = 0$ setzen können. Letztere Festsetzung ist nicht unbedingt notwendig; man könnte auch z. B. ein mit den Wellen gekoppeltes Winddruckfeld an der Oberfläche einführen. Jedoch "the mechanism by which a wind blowing over a water surface produces gravity waves is not well understood" [C. ECKART, Lit. (3)], und man würde trotz der in den letzten Dezennien durchgeführten zahlreichen einschlägigen Experimentaluntersuchungen die Einführung von Hypothesen nicht vermeiden können. Aus diesem Grunde verbleiben wir bei der einfachen Festsetzung $p = 0$ für $z = H + \zeta$ und schreiben dementsprechend die Relation (10):

$$\boxed{\vec{c}\,\vec{v} = g\zeta + \frac{v^2}{2}} \quad \text{(an der Oberfläche).} \tag{16}$$

II. Berechnung der Phasengeschwindigkeiten einiger permanenter Wellentypen

Die Festsetzung $p = 0$ für $z = H + \zeta$ entspricht einer für die freie Oberfläche geltenden Randbedingung der „klassischen" Wellentheorien [Lit. (4—6)], die entwickelt wurden (LAGRANGE,

AIRY, GREEN, Lord RAYLEIGH), lange bevor die Existenz permanenter wirbelfreier Wellen eindeutig durch LEVI-CIVITA [Lit. (7)] bewiesen wurde. Da die klassischen Wellentheorien quadratische Terme der Partikelgeschwindigkeit vernachlässigen, müssen wir dementsprechend die Relation (16) auf

$$\boxed{\vec{c}\,\vec{v} = g\,\zeta} \quad \text{(an der Oberfläche)} \tag{17}$$

reduzieren, um deren Folgerungen mit den Resultaten der klassischen Wellentheorien vergleichen zu können. Wenn die Wellen sich in der $+x$-Richtung ausbreiten, ist $\vec{c} = (c, 0, 0)$ und (17) nimmt die einfache Form

$$c\,v_x = g\,\zeta \quad \text{(an der Oberfläche)} \tag{18}$$

an.

Für die harmonische Welle

$$\zeta = a \sin(\mu x - \omega t) = a \sin\{\mu \cdot (x - ct)\} \tag{19}$$

($\mu = 2\pi/\lambda$, $\omega = 2\pi/\tau$, λ = Wellenlänge, τ = Schwingungsdauer) ergeben die klassischen Wellentheorien unter den obigen Voraussetzungen die horizontale Partikalverschiebung

$$\xi = a\,Ctg\,(\mu H) \cdot \cos\{\mu \cdot (x - ct)\} \tag{20}$$

an der Oberfläche einer horizontal unendlich ausgedehnten Wasserschicht der gleichförmigen Tiefe H. Dann wird nach (19) und (20):

$$v_x = \frac{\partial \xi}{\partial t} = \mu c \cdot Ctg\,(\mu H) \cdot \zeta \tag{21}$$

und damit nach (18):

$$c^2 = \frac{g}{\mu}\,Tg\,(\mu H) = \frac{g\lambda}{2\pi}\,Tg\left(\frac{2\pi H}{\lambda}\right). \tag{22}$$

Das ist die klassische Formel für die Phasengeschwindigkeit fortschreitender harmonischer Oberflächenwellen.

Als Beispiel einer nichtharmonischen Welle betrachten wir die J. Scott RUSSELLsche Einzelwelle (solitary wave) und wenden auf das durch

(23) $$\zeta_{\max} = h, \qquad (\vec{v})_h = (v, 0, 0)$$

charakterisierte Wellenmaximum derselben die Gleichung (16) an:

(24) $$c v = g h + \frac{v^2}{2}.$$

Die auf ein mit der Geschwindigkeit $+ c$ in Richtung der Wellenausbreitung ($+ x$-Achse) bewegtes Koordinatensystem bezogene Kontinuitätsgleichung

(25) $$(H + h) \cdot (c - v) - H \cdot c = 0,$$

in der v von z unabhängig ist und dazu in hinreichend großer Entfernung vom Wellenmaximum $\vec{v}$ verschwindet, ergibt

(25a) $$v = \frac{h}{H + h} \cdot c,$$

und durch Elimination von v aus (24) und (25a) resultiert:

(26) $$c^2 = 2\, g \, \frac{(H + h)^2}{(2\, H + h)}$$

[vgl. R. C. H. RUSSELL and D. H. MACMILLAN, Lit. (8)].

III. Beziehung zur RAYLEIGH-Transformation der BERNOULLI-Gleichung

Schreibt man die Relation (10) in der Form

(27) $$\frac{v^2}{2} - \vec{c}\,\vec{v} + \Phi + \frac{p}{\varrho} = 0$$

und addiert auf beiden Seiten $\frac{c^2}{2}$, so resultiert die RAYLEIGH-Transformation der BERNOULLI-Gleichung:

(28) $$\frac{(\vec{v} - \vec{c})^2}{2} + \Phi + \frac{p}{\varrho} = \frac{c^2}{2} = \text{const},$$

mit einer Normierung der Energiekonstanten durch den Gleichgewichtszustand der freien Oberfläche.

IV. Zusammenfassung

Es wird eine Beziehung zwischen Phasengeschwindigkeit, Partikelgeschwindigkeit und Energie bei fortschreitenden permanenten Wellen abgeleitet, durch welche die RAYLEIGH-Transformation der BERNOULLI-Gleichung als hydrodynamisches Analogon einer wellenmechanischen Relation der Partikeldynamik dargestellt wird.

Literaturnachweise

[1] L. DE BROGLIE, Einführung in die Wellenmechanik. Leipzig 1929, S. 34—41.

[2] M. BORN, Atomic Physics. Fifth Edition (Reprinted) London and Glasgow 1953, pag. 87—90.

[3] C. ECKART, The Generation of Wind Waves on a Water Surface. Journal of Applied Physics, Vol. 24, 1953, No. 12, pag. 1485—1494.

[4] H. THORADE, Probleme der Wasserwellen. Hamburg 1931, S. 28ff., 72ff.

[5] H. LAMB, Hydrodynamics. Sixth Edition. Cambridge 1932, pag. 254—260, 363—377.

[6] N. J. KOTSCHIN, I. A. KIBEL und N. W. ROSE, Theoretische Hydromechanik. Bd. I, Berlin 1954, S. 368—387. 5. Aufl. (russ.) Moskau 1955, S. 401—420.

[7] T. LEVI-CIVITA, La détermination rigoureuse des ondes permanentes d'ampleur fini. Int. Congres voor Technische Mechanica. Uittreksels der Voordrachten, und: Proceedings of the First Int. Congress for Applied Mechanics, Delft 1924, S. 129—145. Ferner: Fragen der klassischen und relativistischen Mechanik. Berlin 1924, S. 26—29, sowie: Mathem. Annalen, Bd. 93, 1925, S. 264.

[8] R. C. H. RUSSELL and D. H. MACMILLAN, Waves and Tides. Second Edition, London 1954, pag. 161.

Bei Fragen zur Produktsicherheit wenden Sie sich bitte an:
If you have any questions regarding product safety,
please contact:

Walter de Gruyter GmbH
Genthiner Straße 13
10785 Berlin
productsafety@degruyterbrill.com